Sergys - Romaric Ndong - Ondo

Chasseurs embusqués

Sergys - Romaric Ndong - Ondo

Chasseurs embusqués

Nouvelles

Éditions Muse

Imprint
Any brand names and product names mentioned in this book are subject to trademark, brand or patent protection and are trademarks or registered trademarks of their respective holders. The use of brand names, product names, common names, trade names, product descriptions etc. even without a particular marking in this work is in no way to be construed to mean that such names may be regarded as unrestricted in respect of trademark and brand protection legislation and could thus be used by anyone.

Cover image: www.ingimage.com

Publisher:
Éditions Muse
is a trademark of
Dodo Books Indian Ocean Ltd. and OmniScriptum S.R.L publishing group

120 High Road, East Finchley, London, N2 9ED, United Kingdom
Str. Armeneasca 28/1, office 1, Chisinau MD-2012, Republic of Moldova, Europe
Printed at: see last page
ISBN: 978-620-7-81167-0

Sergys- Romaric Dereck
NDONG-ONDO

Chasseurs embusqués

Nouvelles

Les larmes, onde salée des yeux et du cœur traduisent la grande peine ou la grande joie.

Ce qui caractérise l'homme c'est la confluence des cultures.

A. Raponda-Walker

Le savoir initiatique ne s'interrompt artificiellement avec la fin du bwendzé, et ne cesse en réalité qu'avec le dernier souffle de l'initié.

« Le Bwété ne finit jamais, sauf le jour de la mort ».

Structure sans fin

« La guenon, dans son buisson se moque du saucisson ! »

Le Woleu-N'tem, ô province bien aimée !

Quand on étrangle, il y a toujours un risque de tuer à la fin.

Du même auteur

La cabale, Editions Muse. 2023

Table des matières

Avant-propos

Cette opuscule étant la suite logique du premier tome, le lecteur y évolue sans accrocs, en ligne droite ; il y trouve le même élan et allant, le ton salé des faits relatés…

Si la présence du Ntem en travers de la route fut pour les uns, l'objet de polémique, elle représentait pour d'autres, le mal nécessaire qui freinait l'entrée des filous de part et d'autre, sans parler des avantages tirés des pirogues quand on arrivait à saboter le bac.

Sourire à gauche, regret à droite, espoir devant, remords derrière, tels sont les avis du cru, face à ce trait d'union...

La discorde

« Biiiik ! Biiiiiiik ![1]

- Qui crie comme ça dans la forêt profonde ?

- C'est Ondo, derrière la meute. »

Drôles de bêtes qui adoraient la chasse malgré la vie qu'elles menaient. En effet, pour subsister, elles se débrouillaient ; malades, l'instinct les menait à l'herbe essentielle. Elles passaient des nuits dehors, à la merci du froid, vents et tempêtes ; erraient en quête de pitance ; croquaient à peine les os parce que les vieux les cassaient aux marteaux. Vive la moelle ! On ne les aimait qu'à la minute où elles attrapaient rats, varans, hérissons mais, une fois rentrées au village, approcher le gibier de leurs crocs déclenchait l'ire des mémères qui, à coups de bâtons, tisons et pilons les faisaient tinter comme des cloches : « Ah kang ! Kang ! Kang ! » Pauvres loulous !

Il y avait plus d'une heure qu'Ondo et les chiens poursuivaient une gazelle. La bête ne voulant pas goûter au sel des lances, courait, filait comme l'éclair du firmament. En maîtresse de sa brousse natale, elle soumettait les chiens à dures épreuves en les emmenant dans les zones difficiles : marécages, bosquets semés de houx, berges au sable mouvant, fourrés inextricables, pentes abruptes, descentes escarpées, collines glissantes, vallées profondes… Akié !

---

[1] Attrape ! Attrape !!

Ondo peinait, suait, pétaradait, se lassait mais l'idée de manger de la viande salivait sa bouche davantage et les jambes de chasseur obéissant aux pulsions de la langue, le voilà courir aussi vite que le vent ! Après deux heures de course effrénée, l'homme abdiqua pour s'asseoir sur la dure, suivre à distance, la traque sonore.

La gazelle zélée comme du gaz ailé échappait, gambadait, survolait les fougères qui, par respect de la vie lui faisaient la révérence. Elle allait si vite qu'on eût dit une comète ; elle driblait les chiens en faisant des zigzags. Elle se moquait des chiens en faisant le zigoto. A la surprise générale, voilà le gibier sur la souche, hissé, à l'abri des babines retroussées. Sur cette estrade précaire, la fuyarde revoyait la tactique.

Mais, malheureusement, la paix en ce lieu fut aussi courte qu'une jambe de tortue à cause du chasseur qui fit irruption criant, brandissant la sagaie à la pointe salée. Se sentant en danger, elle sauta pour tomber, hélas à quelques mètres des crocs ; la chevauchée reprit de plus belle. Et en pleine évasion, une idée en la bête germa : conduire ses bourreaux à la grotte des boas, lieu génocidaire des grenouilles aux abois.

Elle remonta la pente, bifurqua à droite puis à gauche, vit du coin de l'œil un python par la faim, énervé. En bonne athlète, elle bondit par-dessus l'anaconda, alla freiner au terminus de sa queue. Soudain, les agresseurs arrivent en haletant. La gazelle qui, en ce serpent vit le Christ vivant se rassura.

La meute, devant le triangle menaçant du serpent hésita d'avancer, encore moins d'attaquer. Onga-bi-zok[2], le premier osé fut aussi le premier servi ; en effet, d'un seul coup de tête, le canidé intrépide fut envoyé au paradis ; le second périt pareillement et face au décompte négatif, le troisième sonna le glas ! La gazelle, au lieu de détaler gigota et la horde de la traquer derechef !

Le chasseur, las était là, assis respirant par saccades. Les grelots se turent. Un cri de canidé aux abois l'inquiéta. Un autre puis un « mouf ! » prononcé à haute voix. Ondo en allant en courant dans les bois, vit la gazelle accrochée au piège. Mais à peine eut-il écarté les chiens pour l'achever à l'aise, une voix derrière le buisson lui dit :

« Ne touche pas à ma prise !

- Qui parle là ?

- Evouna ! A moi ce gibier !

- Par ton nom, tu es mon frère ;

- Pas de parenté face à l'intérêt ; le butin d'abord et le reste après !

- Cette « viande » est mienne, un point, un trait !

- Mes pièges n'ont pas le temps de savoir qui a débusqué, talonner le gibier qu'ils arrêtent; qu'aurais-tu dit, si levée par la foudre, cette pièce serait tombée à ce piège ? »

---

[2] Nom qu'on donne aux chiens hardis ; il signifie : « Tu finiras, avec ton courage, par attraper un éléphant ».

Dans la brousse, le ton se levait et chacun postulait la venaison. Ndong, furieux prit la bête par le cou et le piégeur par la queue. Voilà la bête écartelée et les parties en conflit sans le savoir jouaient à « Toto tire Nama ; Nama tire Toto » ! Les voix montaient si haut dans le ciel que les calaos des cimes cessèrent de jaser pour rire du bec ces gens qui, pour une gazelle se ravalent… A peine allaient-ils en venir aux machettes qu'un vieillard apparut et leur dit : « Lâchez, jeunes gens, cette pièce de gibier ; n'étant pas né hier, je connaissais ce genre d'affaires quand nous faisions la chasse. Ne vous tuez pas pour si peu ! Ndong, passe-moi la machette, je vais vous montrer ce que nous faisions en pareille circonstance.

L'octogénaire acheva la gazelle, l'étendit sur la feuille, en ouvrit l'abdomen, la vida, la, pourfendit, disposa devant eux deux parts équitables. A l'une, il ajouta la tête et à l'autre, la queue musicale et les choses du ventre[3].

« Prenez-en, allez-y ! C'est fini ; leur dit-il en souriant, mais, tant que vous vivrez, sachez que la violence n'arrange pas les litiges.

---

3 Les boyaux, les poumons, le cœur, l'estomac…

Thon'mass

Deux frères, après vingt kilomètres de marche arrivèrent à une case au milieu des bois. La menace du temps, la douleur du pian les poussèrent à chercher un lit pour la nuit. Le cœur battant, les voilà devant une masure en torchis.

« N'y allez pas ; leur dit une voix derrière eux.

- Ce n'est pas ton affaire ! Répondit l'aîné.

- De grâce, n'allez pas chez elle ; insista l'inconnu.

- Fous-le-camp, je vivrai moi-même les méfaits !

- Que je vous laisse donc en danger ?

- Après tout, c'est notre oseille, conclut le benjamin. »

La vieille porte de la vieille case bougea ; une vieille sur sa vieille canne survint. Son stop interrogea les jouvenceaux qui lui répondirent par la somnolence. « Vous avez sommeil ? Eh bien entrez et occupez le grabat qui se trouve au milieu de la salle ».

Couché sur le dos, le dernier-né accusait la hâte de son frère à venir en ce lieu alors que le proverbe : « Case isolée, lieu de gibet » aurait pu l'édifier.

A minuit, pendant que le benjamin cogitait encore, un bruit insolite se signala. Un visage phosphorescent avec des yeux luminescents apparut au chevet du lit ! Quand, le jeune homme eut levé la tête pour réveiller son frère, l'immonde figure le tança en ces termes :

« Ne réveille personne ; et sans mugir, laisse-moi agir ! Lui-même me verra quand son tour arrivera. Laisse-moi épandre sur toi la guigne de mon postérieur. Tu as pourtant ouï parler de mon inimitié, mais comme l'être humain aime tout vérifier, laisse-moi gâter ta vie ! »

La sorcière se leva, se dénuda pour un striptease agissant. Quand elle eut conclu son acte ubuesque, elle se confondit aux ténèbres funestes.

Quelques minutes plus tard, après avoir sur le plus jeune épandu le somnifère, la sorcière réveilla l'aîné pour le même traitement.

Ainsi, sur cette terre de revers, si quelqu'un récuse tes conseils, laisse-le avec sa dure oreille comme on le fait aux moineaux qui quittent le préau pour aller aux gluaux.

L'astucieux

Lorsque Lantin 4 vint s'installer à Afoupe Ntang[5], les paysans n'arrivaient pas à comprendre ce qui avait poussé ce toubib à quitter la France pour venir chez eux, cultiver « l'égnié »[6], cette plante qui attire les scorpions, serpents et que les chasseurs usaient pour infecter leurs flèches… Cette interrogation resta morte parole pendant des mois, ce qui retarda la mobilisation ouvrière dans le site d'Akamsi. Des langues dignes de foi disaient que Lantin n'avait pas encore dit la vraie raison qui l'avait conduit au bord de Kyè, au milieu des guêpes, abeilles « ye bi gno-gnong[7] ».

Les travaux démarrèrent avec une équipe de six manœuvres qui, à la fin du mois, perçurent chacun, une coquette somme d'argent. C'est alors que la vue des billets anéantit la réticence des villageois qui, comme des criquets pèlerins, ruèrent au bureau des embauches qu'ils remplirent « alouretou ! »[8]

Quelques années plus tard, Monsieur Hubert sociétaire de « Nativel » débarqua à son tour à Akamsi, porter main forte au pionnier. C'était un

---

4 Français qui arriva à Akamsi vers la fin des années quarante au compte de la Société « Nativel » pour la culture du strophante.

5 La plantation du Blanc.

6 Strophante.

7 Et les moustiques.

8 Expression qui marque le trop plein.

homme d'un commerce agréable, ouvert et gentil ; il était le genre qu'on disait, à cause de son amour des Noirs, être l'incarnation d'un ancêtre lointain. C'était lui qui expliqua aux villageois, l'importance du strophante dans la médecine cardiaque.

Un jour, Monsieur Hubert demanda aux ouvriers de lui fournir des petits singes qu'il expédierait en France où, une fois nourris, élevés, serviraient de cobaye dans les labos d'Europe. A cet appel, Nguéma Eko, promit, séance tenante de lui en trouver une cinquantaine encore frêle, encore jeune et mignonne que Paris, Lyon et Bordeaux gaveraient à souhait.

Sans perdre de temps, le type courut à son hameau situé à l'autre rive de la rivière. Pour arriver à ses fins, il conçut trois grands paniers qu'il alla déposer à la lisière du champ. A l'intérieur de chacun d'eux, il mit des tubercules de manioc en appâts. Ce qui caractérisait ces paniers, c'était leur accès à sens unique c'est-à-dire que la bête qui y entrait ne pouvait plus en ressortir grâce à un dispositif en cul de bouteille placé à l'entrée. Par cette méthode, Nguéma attrapa cinquante de petits singes qu'il emmena à Monsieur Hubert comblé. En échange, il reçut beaucoup d'argent, pactole qu'il dépensa pour épouser Obone de N'dzibape.

Deux ans plus tard, Monsieur Hubert reçut des lettres le sommant de rembourser aux Laboratoires de recherches médicales de Paris, Lyon, Bordeaux, Marseille l'argent dépensé pour l'achat, le transport, la ration et l'entretien des « ozeme », talapoins du Gabon, petits singe…, non, pardon ; plutôt, singes petits qui ne peuvent changer de volume, quelque soit le gavage, quelques soient les menus !

Ngôm[9]

« Maria, n'oublie pas que ceci, c'est le seul porc épic de notre maison ». Ces propos lapidaires sont d'Obiang, catéchiste de l'église de Douma. Bon chasseur, il menait de paire les activités religieuses et celles de la brousse giboyeuse.

Jean Obiang avait une femme très belle mais aussi frivole, le genre qui frémit au passage des gens. Elle avait des amants partout. Les nombreux flagrants délits d'adultère consommés avaient permis à son mari de construire une maison en tôles ondulées. Vive l'infidélité orientée !

Un jour que cet homme rentrait des champs, fatigué et affamé, il entendit à un détour de la piste des chuchotements. Il s'arrêta, tendit l'oreille à la source des voix et n'eut aucune peine à détecter le timbre fluet de son épouse en galante compagnie avec son demi frère. Sachant qu'en milieu forestier tout bruit de pas sert et dessert, il alla sur la pointe des pieds s'arrêter à quelques mètres de leur lieu. Ayant apaisé l'ire du cœur, il s'aplatit par terre pour écouter.

« Maria, prends quand même ce porc-épic, c'est tout ce que je peux te donner en cette période de morte saison. J'espère que tu le mangeras avec mon frère…

- Ton qui ?

---

[9] Porc-épic.

- Tu ne vas pas quand même le manger, sans lui donner !

- Ne me chahute pas ; je te jure que je le mangerai sans partage ; d'ailleurs, qui le lui montrera ? »

La dame se leva, alla cacher l'animal sous un vieux tronc d'arbre, sous l'œil de son mari caché. « Je viendrai le prendre à minuit ; je le préparerai à l'aube ; je le mangerai à midi, le lendemain » se dit-elle.

Obiang, depuis sa cachette broyait du noir. Il regarda sa machette qu'il voulut user sur la tête de son frère mais une force invisible le retint. Il avala le fiel, pensa au miel de la vie éternelle. C'est d'un œil furieux qu'il vit son épouse se dépoussiérer avant d'aller vers le village en écartant les branches. Une boule de chagrin réintégra sa gorge et en pensant à Dieu qui a dit de pardonner son prochain, il se leva, et alla à la cachette, prendre le gibier qu'il engloutit dans le carnier. C'est avec un chant de victoire qu'il regagna la case où son épouse faisait le ménage.

« Femme, dit-il à Maria, voici le porc-épic, c'est tout ce que j'ai eu à mes pièges ce jour, tu sais que la saison sèche n'est pas favorable à l'errance du gibier ; prépare-nous celui-ci, de préférence à l'huile de palme car il est spécial.

- Pourquoi spécial ?

- Il est le seul qu'on mangera ici, ce soir.

- Jean, dit-elle entre les molaires, je suis malade et ne peux te le préparer ; débrouille-toi, fais comme le Blanc !

- C'est-à-dire ?

- Mettre le tablier quand l'épouse est souffrante. »

L'homme, sans rancune se mit à l'ouvrage. Avec joie, il ôta les piquants du gibier, l'étêta, le vida, le découpa, le lava, y mit le nécessaire de la cuisson et voilà la cocotte comme lui, chantonnant. Le fumet ne tarda pas de chatouiller le nez de Maria qui se le frotta avant d'éternuer. L'odeur appétissante, en passant par la fenêtre bée, gagna la véranda, la cour, pénétra dans la narine gauche du vieux Ekomo dont le radar nasal captait les odeurs les plus secrètes. Le voilà dehors, testant les vents, analysant le temps, déterminant la provenance des arômes… Quelques minutes après, il est là, devant la porte du catéchiste avec, en main sa lampe prétexte.

- As-tu du pétrole ? Je ne sais comment je vais dormir cette nuit.

- Prends cent francs sur l'étagère attenante à la fenêtre et va chez Nguéma, en acheter un litre. Le vieillard dont la visite, en réalité n'avait rien à voir avec le pétrole lampant resta un instant à manger le fumet du nez.

Quand tout fut cuit, Obiang invita sa femme à manger mais elle refusa, prétextant qu'elle n'avait pas d'appétit. Et l'homme, comme si c'était ça la réponse qu'il attendait, d'un geste public, desserra la ceinture, s'assit, casserole entre les jambes. Avant de commencer à manger, il fit un grand signe de croix puis, d'une voix rauque, récita cette prière :

« Eternel, bénissez-moi ainsi que le repas que je vais manger tout de suite ; donnez la chance à ceux qui attendent un autre porc-épic, à ma chérie Maria rikiki, je dis : ngome éfe esseki ! »

La mouvandière

L'avion fit un dernier tour au-dessus de l'île. Collé à l'hublot, Monsieur Burlot, penaud regardait la ville qui s'étirait en longueur sur une bande de sable fin. Il appréciait particulièrement les houppiers des cocotiers qui dansaient dans le vent indolent sans oublier de pic bœufs en tenues de moine au-dessus des eaux bleues

L'Afrique ne sait pas qu'elle est belle et merveilleuse ; ses fils ne font attention à rien ; tout comme ils méconnaissent son charme naturel, ils dilapident sans scrupule ses trésors…

La sirène se fit entendre sous les réacteurs de la machine. L'atterrissage se préparait. C'était la toute première fois que Burlot allait fouler le sol africain.

En effet, né à Paris, ce jeune ingénieur en pétrochimie venait, après de brillantes études, d'être recruté par la société Coquille pour diriger les recherches pétrolières au large de la Côte des Canards. Cela faisait aussi à peine deux ans qu'il épousa Marie France, belle Négresse partie en Europe pour finir ses études de médecine.

L'avion, tel un gros oiseau, dans un cliquetis mat sortit les roues, lécha une, deux fois l'asphalte de la piste avant de se décider de rouler dessus, à toute pompe. La végétation alentour en allant au sens inverse de l'appareil livrait des bicoques aux toits poussiéreux. L'avion, dans un cri ultime, s'immobilisa. Une foule compacte entoura l'appareil. Burlot qui, de sa vie n'avait jamais vu tant de Noirs réalisa qu'il était en Afrique, ce continent de mystères et de misère occulte.

Après les formalités de douanes et de police, le voici dehors avec son épouse que les siens saluaient affectueusement. Une estafette de la société venue à sa rencontre les embarqua pour la Mouvandière, quartier d'hommes huppés, lieu qui affichait l'opulence qu'apportait l'or noir dans le pays. Burlot était fort estomaqué par le luxe de cette cité résidentielle qui n'avait rien à envier à celles de Paris, Genève, Madrid… « Rien de surprenant, se disait le jeune homme, le pays est très riche et son habitat doit en avoir les stigmates. »

La villa de Burlot était située au bord de l'océan magnifique. Il y faisait bon vivre. Le zéphyr du large ventilait le lieu en permanence.

L'horaire de travail de Burlot était contraignant ; il allait tous les jours de bonne heure au travail et ne revenait qu'à la nuit tombante. Il n'avait pas assez de temps à consacrer aux loisirs et surtout au sport qu'il aimait tant. Marie France au contraire restait à la maison en attendant son intégration à la Fonction Publique. Elle allait de temps en temps voir ses parents, surtout sa vieille mère dont la santé battait de l'aile.

Burlot voulait bien visiter la ville, vérifier si le luxe de sa cité était partout dans la ville ; si le pétrole, en éclairant leur cité arrangeait aussi le cœur de la plèbe. Cependant, Burlot avait, depuis un temps, remarqué que son épouse ne voulait jamais aller lui présenter sa famille, surtout son quartier qu'il pensait avoir les mêmes structures qu'à la Mouvandière.

Un dimanche matin, pendant qu'elle prenait le petit déjeuner avec son homme, un jouvenceau surgit, c'était pour annoncer le décès de son petit oncle survenu au quartier Nylon.

Le quartier Nylon n'avait de luxe que de nom. C'était un ensemble de cases et de taudis éparpillés dans le marécage. Des cochons s'empêtraient dans la saleté où il n'y avait ni eau ni électricité. Les latrines à ciel ouvert dégageaient une odeur de mépris. Les enfants jouaient dans la fange, à côté d'un pont de fortune.

Quand Burlot et son épouse entrèrent dans cette insalubrité, ils furent accueillis par les mouches qui, dans leur murmure énigmatique, disaient à l'étranger la réalité de cette ville bâtie sur du pétrole et dont les habitants étaient logés comme des sous-hommes.

« Où en sommes-nous ? Lui demanda Burlot.

- A la baie des cochons, domicile de mes parents.

- Je comprends ; merci !

- Qu'est ce que tu comprends maintenant ?

- On n'a pas besoin d'écarquiller les yeux pour voir !

- Voir quoi ?

- La différence ! »

Sur la branche

Une camionnette chargée de passagers avait percuté le talus en descendant une côte escarpée. L'impact du choc déporta la carcasse dans le ravin profond, éjectant dans le vide hommes, femmes, enfants et colis. Les cris des mamans cherchant leurs enfants, le vagissement des bébés aux bras sectionnés, le silence des corps refroidis remplissaient la colline.

Le sang des victimes en sillage funeste colorait la verdure éparse. Les têtes cassées livraient aux cailloux leur argile. C'était horrible d'entendre l'expression de la douleur. Parmi les survivants, il y avait une dame de peu de foi en Christ que le hasard avait projeté dans l'abîme en lui offrant la chance de s'agripper à une branche sous laquelle les pics de rochers, comme des sagaies étaient prêtes d'embrocher la victime. La dame qui voyait sa force diminuer demanda secours à Jésus :

« Seigneur, sauve-moi, je vais périr !

- Ma fille, je suis là ; lâche la branche lui répondit-t-il.

- Seigneur, à voir ce qui est en bas, je n'ai aucun espoir de survie, sauve-moi !

- Aie la foi en moi et tu seras sauvée ; lâche la branche ! »

La dame ferma les yeux et lâcha la branche. Au moment où sa tête allait s'émietter au contact du sol, le Sauveur l'intercepta.

« Donc, chers chrétiens, ayez la foi car, celui qui croit en Jésus-Christ sera sauvé ! »

« Pasteur, dit une femme, si, comme vous le dites, je lâche la branche de mon concubin, celui qui m'assure le loyer, le boire, le manger, l'habillement… que vais-je devenir ?

- Dieu, trouvera une solution à ta nouvelle situation, regarde les oiseaux du ciel, Dieu s'occupe déjà d'eux et à plus forte raison l'être humain qu'il a créé à son image ? Lâche la branche du concubinage, comme cette femme, marie-toi à l'église ! »

Beaucoup de femmes qui lâchèrent la branche se retrouvèrent dans la rue, à la merci des pénuries diverses… Ont-elles vraiment lâché la branche ? S'agissait-il de branche ou de la brindille ? Ont-elles eu foi au Seigneur Jésus-Christ en le faisant ?

Lâcher les branches du monde et tombez dans les mains de Jésus !

Con-trat de passerelle

Quand les autorités gabonaises, équato-guinéennes et camerounaises allèrent à Boro pour la pose de la première pierre du pont, la foule des gens était divisée en deux camps opposés ; il y avait ceux qui voyaient en ce pont, un soulagement, un bien social, une soudure des liens de famille que les eaux avaient gaspillé, une occasion de donner un coup de fouet aux échanges commerciaux, sociaux et culturels ; de l'autre côté se trouvait l'aile dure de la cabale et du sadisme laquelle se voyait coupée de leur débarcadère qui leur procurait des sous par l'entremise des pirogues et du bac…

Ainsi, quand l'Union Européenne pensait que toute la foule était en liesse des personnes autochtones des deux rives fomentaient des plans pour faire échec à la construction du pont. Des équipes se constituèrent ; il y avait ceux qui, allaient agir sous l'eau pour empêcher l'implantation des poutres, une autre était chargé de provoquer des accidents pour décourager les ingénieurs. Une guerre froide se passait tous les jours, toutes les nuits !

Mais la sorcellerie des Blancs fut la plus forte car, les villageois, à beau saboter le travail, à beau freiner les travaux furent lassés par l'opiniâtreté des machines qui, sans se lasser terrassaient, remblayaient, dessouchaient, dynamitaient les roches résistantes. Le comble du côté des autochtones, c'est le prix onéreux de leurs prouesses car, ils mettaient toujours leurs vampires en vedette et en parade. Quand on sait qu'un vampire est comparable à une vessie qui peut se percer et dont le raccommodage des trous est limité ; voilà les gens de la cabale mourir comme des mouches !

Comme la vérité finit toujours par triompher, le bien, face au mal gagne souvent la bataille ; la preuve : le pont est là avec son allure herculéenne, ses avantages certains, ses ambitions futuristes. Une page vient d'être tournée : finies les longues attentes, les tracasseries, les mouches des berges, les péages.

Au bord du N'tem

« Quand on dit à un enfant d'avoir des victuailles, il pense toujours que c'est un gosse du village voisin qui va s'en régaler le lendemain ». C'est sur ce proverbe que va se baser l'histoire suivante.

Les pirogues et les barques du N'tem avec le pont, ne serviront plus au transport des gens et de leurs marchandises. Les habitants de part et d'autre des débarcadères de Boro et de Ngoazick le vivront à leurs dépens.

A l'époque des vaches grasses, c'est-à-dire quand les natifs des villages proches du N'tem faisaient payer la traversée du fleuve aux passants, beaucoup d'entre eux s'étaient illustrés par leurs abus à l'endroit des vieilles femmes. Ainsi, ils taxaient des prix étonnants à ceux qui empruntaient leur pirogue et bac de fortune et le moindre sac à main ne passait outre. Ils s'étaient transformés en martiens qui n'avaient aucune attache avec les terriens. Devant eux et leurs pirogues : point de frères, amis, camarades, beaux-frères, beau-fils, cousins et cousines… Vive l'argent ! A bas les parents ! Au bol les amis !

Si certains jeunes en sus des malédictions encaissées avaient pu se marier et construire des cases, d'autres au contraire avec la finition des ponts de Boro et de Ngoazick se retrouvèrent comme la carpe sur du sable sec ! Eux qui pensaient que la vie commençait et se terminait aux débarcadères du N'tem ne savent plus où mettre la tête pour épouser la femme.

Un jour, Edzo, brave homme de retour de France après ses études, rencontra une belle nana. Le jouvenceau qui était tombé amoureux de la fille, alla lui rendre visite, éventuellement demander sa main.

Quand il arriva au village de la donzelle, il fut accueilli comme un gouverneur de l'époque coloniale. L'on dansa jusqu'à l'aube, à l'honneur de cet hôte lequel, Dieu aidant serait le beau-fils de cette communauté hilare.

Comme en pays ntumu, le séjour d'un étranger normal n'excède jamais deux nuits, le troisième matin, de bonne heure, il réunit la famille de la fille pimpante pour déclarer sa flamme et son intension de l'avoir comme épouse. Et comme en matière d'alliance, le dépistage généalogique reste de rigueur.

« Mon fis, dit le chef de famille, tu es de quel village ? »

« D'un village du bord du N'tem.

- Tu ne peux pas épouser notre fille, compte tenu de ce que les gens de chez toi nous faisaient subir lors de la traversée du fleuve ! Prends ton vélo et pédale ! »

Violente riposte

Bouffer le chat dans tous ses états : le rêve de Bengono. En effet, ce fils de Melep avait fait du matou l'ennemi de ses molaires. Au lieu du bœuf, du porc et de la dinde, la chair des « mianwouh » : ô quelle prédilection ! Il la consommait fraîche, fumée, salée, grillée, faisandée, braisée ; d'ailleurs il fut le tout premier homme à parler du chat steak[10] en Afrique et même dans le monde !

Si on mange le chat appelé « ministre » pour ne pas mourir loin de chez soi, Bengono lui avait ses raisons que la raison ignore ; en effet, jamais l'on avait vu homme résolu à en finir avec les félidés. Pour arriver à ces fins, il n'usait ni arc, ni arbalète et encore moins le fusil il conçut des souricières appelées : « églises » qui coffraient des dizaines de chats par nuit. Il en avait à Akébé, Mont Bouet, Venez voir, Nkembo, partout, en un mot… Tous les dimanches, l'homme organisait des agapes, retrouvailles de grande bombance. Son épouse n'aimait pas ces gueuletons à cause de la gueule que lui faisaient les mangeurs après avoir laissé son salon en vrac. C'était comme ça, comme ça tout le temps !

Les fêtes de fin d'année, c'était autre chose puisqu'il arrivait à préparer vingt miauleurs dans une seule cocotte et invitaient les gens adeptes à faire ripaille !

---

10 Steak de chat.

« Moïse, qu'est-ce que les chats du monde t'ont fait pour les occire de la sorte ? » Lui demandait-on à gauche et à droite. Il ne répondait jamais à cette question moins appétissante que le chat ; il se contentait de rire sous cape.

Un jour du mois de février, il s'était tôt levé pour inspecter les églises. Quand il eut fini la visite, il totalisa vingt chats parmi lesquels un siamois joufflu, gras et dodu. Avec sa queue en blaireau, sa tête charnue, il devait appartenir à un Européen puisqu'il portait une bague à la patte sur laquelle l'on pouvait lire : « Au nom de ma loge ». L'homme sans rien dire de cette capture orthodoxe, tua tous les matous au gourdin avant d'aller au marché, acheter les aromates.

Quand, à son retour, il poussa la porte centrale pour accéder au salon, il fut surpris de voir tous les chats sur pattes et qui rugissaient comme des lions, griffes et canines dehors. L'homme lâcha tomates, oignons, persil, citronnelle pour monter au plafond comme s'il ignorait que grimper, c'est l'affaire des chats ! Et comme on le dit en pays ntumu, « si le pygmée sait grimper, il ne fait pas mieux que le singe qui arrive à sauter d'un arbre à un autre », les chats, en un clin d'œil rattrapèrent Bengono et se mirent à le griffer, copieusement. Dépassé par la douleur, il sauta à terre, sauta dans sa chambre dont il ferma la porte à double tour. Il fallait sur la porte, entendre le bruit des griffes réclamant le fuyard.

Pour se tirer d'affaires, il forma le numéro des sapeurs pompiers, leur dire qu'il était en danger de chats. Les soldats du feu ne tardèrent pas de faire irruption dans la case, échauder les truands.

Ce fut le déclin de sa chasse aux chats et la fin de son séjour librevillois puisqu'il déménagea cette nuit pour Melep, loin de ces chats, mal intentionnés !…

Le saurien

Une exclamation troua l'air du bosquet. La stridulation des cigales passa le relais aux mirlitons puis aux olifants. Drapés dans leurs vestes, les corbeaux aux cris métalliques tournoyaient dans le ciel sous l'œil craintif des talapoins. Un tambour tamtama au-dessus de la termitière.

Comme un caméléon, l'homme à pas lents tourna autour des cadavres agglutinés au pied du rhizophore. D'un geste mécanique, il ajusta la liane soutenant son « coulba », vieil habit mangé par les mites. Les yeux embués, du revers de la main, il chassa les mouches nécrophages sur les lèvres d'un cadavre, les bras levés, s'écria :

« Non, c'est pas vrai !

Un tantinet de silence. Un cliquetis de brindilles et toutes les têtes de se tourner vers la piste vicinale.

- Loué soit Jésus-Christ, mon père !

- A jamais ! Répondit le révérend père Henri Chaleur, aumônier des ruraux. »

Bras en « x » sur le dos, il jeta un coup d'œil aux corps étendus sur les feuilles où il reconnut Jean Karakisse, le catéchiste de Doumassi.

« Que se passe-t-il, Joseph ?

- Mon père, ma bouche est petite pour raconter ce qui vient de se passer ; Dieu vient d'opérer des miracles, si tu veux, il vient de rendre justice !

- Tu parles de quel Dieu ?

- Du tien.

- Plutôt du nôtre, renchérit le Vicaire.

- Oui, si tu veux, le nôtre ! Il vient de discréditer la véracité du strophante ; tu nous trouves ici au sortir du poison d'épreuve ; le bilan est lourd : onze morts parmi lesquels, Kou Beyeng, ma tante.

- Onze coupables ?

- Onze innocents plutôt.

- Onze innocents ; c'est maintenant que nous connaissons les coupables de cette affaire ; nous avons pendant des années accusé « x et y » à tort alors que…

- Arrête-toi ; viens avec moi, nous allons à la Mission Catholique où tu me relateras cette histoire. »

Le duo, muet comme des carpes, traversa la brousse. Un chant de coq. Un bêlement : les voici à la Mission. Père Chaleur entra dans sa case, revint avec un magnétophone. Assis au balcon, les pieds croisés, il appuya le bouton de l'appareil.

« Commence, raconte, je t'écoute, lui dit-il.

- Mon père, dis-moi ce que tu viens de faire.

- J'ai mis ce machin en marche pour qu'il transmette ta voix à Dieu ; vas-y vite, ne fais pas attendre le Bon Dieu !

- Tu viens de me baptiser, certes mais mon esprit est encore ligoté par les lianes de la cabale indigène…

- Et alors ?

- J'ai peur de parler sans dérogation des secrets de nos loges ; si je le fais de suite, je ne verrai pas le soleil du couchant.

- Un chrétien ne regarde plus en arrière !

- Le présent n'efface pas le passé !

- Joseph, tu verras le coucher du soleil, c'est moi qui le dis.

- Toi, c'est qui par rapport aux foudres nocturnes, celles qui avaient tué l'Evêque d'Atoureville pour avoir brûlé les fétiches ?

- Parle, tu seras protégé par le Saint-Esprit !

- Le Saint qui ?

- L'Esprit-Saint ; attends-moi, j'arrive. »

Le père entra dans sa chambre, revint avec un appareil photo dont il actionna le flash.

« A-tare Zame, velevess ![11] La foudre bientôt !

- Non, ce n'est ni éclair ni foudre imminente, c'est le Saint-Esprit dont je viens de parler ; il est parmi nous ; parle maintenant, il t'écoute !

- Je raconte ? Dit-il, la tête baissée.

- Vas-y, on t'écoute !

- Nkolo-zong et Doumassi, deux villages, depuis longtemps se partagent la même eau dont la qualité fait des jaloux partout. Les commères et les hommes journaux du cru n'hésitaient pas, à tout venant d'en vanter la pureté. Contrairement aux autres ruisseaux, lesquels tarissaient à la moindre canicule, celui dont je parle n'avait jamais exposé son lit. Vivifiant, mirobolant, hilare et bavard, ce torrent, toute l'année, roulait galets, charriait laitues, algues et limon vers le fleuve lointain. »

---

[11] Mon Dieu, l'éclair ; la foudre bientôt !

Un matin, une dame de Nkolo-zông, en y allant puiser de l'eau, fut contrariée par l'onde qu'on venait de brouiller. La femme, calebasse sous le bras rebroussa chemin pour dire aux villageois :

« Hommes, regardez ! Je n'ai pas pu avoir de l'eau : au bas de la pente, des vandales ont troublé le breuvage ; je ne sais qui peut agir de la sorte si ce ne sont les jeunes de la rive opposée.

- C'est clair ! Opinèrent du béret quelques vieux attentifs ; femme, a-t-on besoin de chercher les ergots de coq autour de sa crête alors qu'ils sont à ses pattes visibles ? Ce sont eux ! »

L'on dépêcha une escouade de polissons qui, en gambadant en silence arrivèrent au breuvage saboté. Ils y trouvèrent deux gars du village adjacent lesquels, comme la dame regrettaient la piraterie. Au lieu de solutionner le mal, ils en vinrent aux mots, aux mains, enfin aux machettes. Blessures étonnantes : brute bilan de ce coup désolant.

Quatre fois successives, d'incidents similaires se produirent. Les groupes rivaux, en oubliant le dialogue s'enlisaient dans la rixe davantage.

Quelques jours plus tard, une empoignade de six jours et six nuits entretint la violence humaine : jet de javelots, usage de couteaux et marteaux... Le bilan cette fois-ci n'était pas seulement lourd mais d'une cruauté immonde : des yeux extraits, des hommes décapités, des femmes molestées, violées, mutilées ; panorama d'Oradour, Guernica, Munich. L'accalmie, face aux atrocités de gauche et de droite arriva d'elle-même.

La saison sèche céda la place aux pluies. Plus de chaleur ; plus de disette ; la nourriture à foison et l'eau abondante ; plus de sabotage !

Une nuit, le chef du village de Douma-Nduigne qui dormait à poings fermés fit un rêve émouvant. Pour cet homme à la tête ouverte, tout songe était prophétique. L'homme se retrouva au sommet d'une côte où il fut rejoint par un animal bizarre qui lui dit :

« Homme, Dieu a créé la terre pour qu'on y vive en paix. Depuis dix lunes, votre eau fait l'objet des conflits incessants. Je suis ton ancêtre ; les vivants nous croient partis, oubliant que nous continuons de veiller sur nos proches. Je suis venu trancher l'affaire de l'eau en te donnant le nom du coupable ;

« Oui, donne-le !

- C'est le va…

C'est à cet instant même que sa femme Olocina lui asséna un tison sur les fesses.

- *Kié !* Non ! Cria-t-elle, réveille-toi, réveille-toi ! Ne vois-tu pas ces enfants autour de toi ? Cesse de lâcher les pets à côté des enfants !

L'homme qui tenait à renouer avec ce rêve instructif, referma les yeux, se recroquevilla sur lui-même et récidiva avec ses vents.

- Non ! Va dehors ! Dit la femme en lui tirant le pied.

A contre cœur, le vieil homme se leva, réajusta le pagne, cracha un tampon de salive sur le sol, le dissipa en y plantant le pied.

- On a besoin de toi à la case des hommes, lui lança son épouse.

- Un problème encore ?

- Celui de la source sabotée ! »

Le vieux amèrement regretta le geste de sa femme ; c'est en brossant ses dents du majeur qu'il enjamba le pas de la porte. Il marchait en maugréant contre son épouse qui ne tolérait jamais qu'il fît les gaz à volonté, couché à l'aise sur son lit de bambou.

« Cette femme n'est pas bien, constata-t-il les yeux baissés ; elle veut ma mort ! Ne connaît-elle pas l'histoire de Monsieur Buffa, ce commerçant Italien de Bitam[12] qui faillit mourir d'une rétention de pet parce qu'il était au milieu des femmes ? Ma femme ne sait pas que lâcher des gaz au petit matin est un acte de bénédiction qui détend les nerfs, réajuste la tension artérielle ; c'est aussi une façon de faire la musique… Si les chirurgiens ont le souci de demander aux patients opérés s'ils avaient déjà fait le gaz, c'est que le gaz intestinal est d'une importance vitale ! Et pourquoi les Blancs qui ont déjà créé la zoologie, l'égyptologie, la pédologie ne font-ils pas un petit, juste un tout petit effort de créer la pétologie ? Comme ça, tous les pétologues du monde, avec leurs adeptes se ligueront contre cette Olocina… Oui, c'est elle qui est plus bête que le pet ; ne connaît-elle pas cet adage populaire qui dit que : qui pète vit » ?

---

[12] Signifie les ruisseaux.

- Mais, père, pourquoi parles-tu seul ? Lui demanda une fillette dans la cour ;

- A cause de mon épouse ; Tsira Ndong Assoumou Okomo avait raison de dire que tous les hommes mariés, après leur décès doivent aller directement au ciel, sans faire escale à la barre du jugement dernier…

- Pourquoi ?

- Ma fille, avoir vécu avec une femme pendant plus d'un an avec ce qu'elle te dit et te fait, suffit pour être admis au royaume des cieux !

Il arriva dans le corps de garde où tous les villageois étaient assis. Il y en avait ceux qui tressaient les paniers, d'autres construisaient des nasses tandis que les jeunes brus[13], assises autour de la case, allaient suivre l'affaire en décortiquant les arachides.

- Papa, nous t'attendions, la source a été encore troublée, dit une vieille femme.

- Pendant que l'eau est encore au niveau des mollets, arrêtons ce mal, dit le vieux chef en préambule. Les mêmes causes provoquant les mêmes effets, moi, je me suis rendu compte que ce sabotage ne se fait qu'en saison sèche, quand l'onde des ruisseaux tarit ; je préconise la solution suivante : prenons les hommes les plus vigoureux du village, armons-les de flèches, fusils et gour-

---

[13] Les jeunes filles qui n'avaient pas encore l'autorisation d'entrer en la case des hommes sans la cérémonie spéciale au cours de laquelle elles préparent le « mendzâ », feuilles de manioc au bénéfice des patriarches.

dins ; ils iront se cacher à l'orée de l'eau pour voir l'homme qui cause la zizanie…

- Tu as raison, s'exclama une voie féminine.

- C'est ça la solution ! Renchérit une autre.

Le lendemain, voilà l'équipe mandée cachée au pied du rhizophore, armée comme à la guerre. Après un séjour d'une semaine parmi les fougères ceignant le point d'eau et au moment où ils allaient renoncer à la garde, ils entendirent un bruit bizarre. Les yeux et les oreilles bés, ils attendaient la surprise.

Dans un coin du ruisseau, à leur étonnement, ce qu'ils aperçurent n'était ni homme, ni femme encore moins un polisson, mais un reptile à la peau diaprée qui plongea dans le torrent où, avec sa queue surpuissante, se débarbouilla longuement. Et sans plus attendre, l'escouade appuya sur la gâchette des fusils et « Boum ! » Voilà l'énergumène, touché par le plomb, étendu sur la vase ! C'était à ne point s'en douter : le varan !

Cette anecdote ancienne, Dieu merci, laissa l'expression : « Avoir un varan dans l'affaire », c'est-à-dire un élément caché qui attise chaque jour la brouille.

Ces chroniques sont des souvenirs réels, issues du banal au jour le jour. Cet assortiment plaisant au contenu aguichant est un travail acharné.

L'obsession de l'auteur à travers le contenu est pour cette jeunesse culturellement égarée. Le lecteur retrouvera d'autres réalités disséminées au travers des pages.

L'auteur, avec son audace, sa détermination, littéraire se trace un sillon d'artiste au gré des parutions qui marquent et s'inscrivent à travers le temps.

Sergys-Dereck Romaric NDONG-ONDO est un jeune auteur natif du Woleu-N'tem, passionné de cultures qui se risque dans les belles-lettres avec modestie.

Chasseurs embusqués, est une œuvre narrative. Cette production mérite une bonne conservation dans sa bibliothèque.

MIX
Papier aus verantwortungsvollen Quellen
Paper from responsible sources
FSC® C105338

Printed by Books on Demand GmbH, Norderstedt / Germany